中等职业学校机械类专业通用

技工院校机械类专业通用（中级技能层级）

金属材料与热处理（少学时）（第三版）习题册

韩　畅　主编

中国劳动社会保障出版社

简介

本习题册是中等职业学校机械类专业通用教材 / 技工院校机械类专业通用教材（中级技能层级）《金属材料与热处理（少学时）（第三版）》的配套用书。本习题册紧扣教学要求，按照教材章节顺序编排，知识点分布均衡，题型丰富多样，难易配置适当，有助于学生复习巩固所学知识。

本习题册由韩畅任主编，韩志勇、周华、王华江、陈兆良参加编写，庄晓佳任主审。

图书在版编目（CIP）数据

金属材料与热处理（少学时）（第三版）习题册 : 中等职业学校机械类专业通用 : 技工院校机械类专业通用 : 中级技能层级 / 韩畅主编 . -- 北京 : 中国劳动社会保障出版社，2024. -- ISBN 978-7-5167-6804-4

Ⅰ. TG14-44 ; TG15-44

中国国家版本馆 CIP 数据核字第 2024C4J928 号

中国劳动社会保障出版社出版发行

（北京市惠新东街 1 号　邮政编码：100029）

*

北京鑫海金澳胶印有限公司印刷装订　　新华书店经销

787 毫米 ×1092 毫米　16 开本　4 印张　91 千字

2024 年 12 月第 1 版　　2024 年 12 月第 1 次印刷

定价：8.00 元

营销中心电话：400-606-6496

出版社网址：https://www.class.com.cn

https://jg.class.com.cn

目 录

绪论 ……………………………………………………………………（ 1 ）

第一章 金属的结构与结晶 ………………………………………………（ 3 ）
§1–1 金属的晶体结构 ………………………………………………（ 3 ）
§1–2 纯金属的结晶 …………………………………………………（ 4 ）

第二章 金属材料的性能 …………………………………………………（ 7 ）
§2–1 金属材料的力学性能 …………………………………………（ 7 ）
§2–2 金属材料的物理性能与化学性能 ……………………………（ 11 ）
§2–3 金属材料的工艺性能 …………………………………………（ 12 ）
§2–4 力学性能试验 …………………………………………………（ 13 ）

第三章 铁碳合金 …………………………………………………………（ 15 ）
§3–1 合金及其组织 …………………………………………………（ 15 ）
§3–2 铁碳合金相图 …………………………………………………（ 17 ）
§3–3 观察铁碳合金的平衡组织（试验） …………………………（ 20 ）
§3–4 非合金钢 ………………………………………………………（ 21 ）

第四章 钢的热处理 ………………………………………………………（ 26 ）
§4–1 热处理的原理、分类及钢在加热和冷却时的组织转变 ……（ 26 ）
§4–2 热处理的基本方法 ……………………………………………（ 28 ）
§4–3 钢的表面热处理与化学热处理 ………………………………（ 31 ）
§4–4 零件的热处理分析 ……………………………………………（ 32 ）
*§4–5 参观热处理车间 ………………………………………………（ 33 ）

第五章 低合金钢与合金钢 ………………………………………………（ 36 ）
§5–1 低合金钢与合金钢的分类、牌号及合金元素在钢中的作用 ………（ 36 ）
§5–2 低合金钢 ………………………………………………………（ 38 ）
§5–3 合金钢 …………………………………………………………（ 39 ）
§5–4 钢的火花鉴别（试验） ………………………………………（ 44 ）

第六章　铸铁 …………………………………………………………………………（ 46 ）
§6–1　铸铁的组织与分类 ……………………………………………………………（ 46 ）
§6–2　常用铸铁 …………………………………………………………………………（ 47 ）

第七章　有色金属与硬质合金 ………………………………………………………（ 49 ）
§7–1　铜与铜合金 ………………………………………………………………………（ 49 ）
§7–2　铝与铝合金 ………………………………………………………………………（ 50 ）
*§7–3　钛与钛合金 ………………………………………………………………………（ 51 ）
§7–4　滑动轴承合金 ……………………………………………………………………（ 52 ）
§7–5　硬质合金 …………………………………………………………………………（ 54 ）
§7–6　常用有色金属与硬质合金的性能（试验） ……………………………………（ 56 ）

***第八章　国外金属材料牌号及新型工程材料简介** ………………………………（ 58 ）
§8–1　国外常用金属材料的牌号 ………………………………………………………（ 58 ）
§8–2　新型工程材料 ……………………………………………………………………（ 59 ）

绪 论

一、填空题（将正确答案填写在横线上）

1．从人类认识和使用材料到科技发达的现代社会，材料的发展经历了______时代、______时代、______时代、______时代、______时代、______时代、______时代共七个时代。

2．__________、__________和__________已成为当代社会发展的三大支柱。

3．机械工程材料按化学成分可分为______材料和______材料，其中应用最广的是______材料。

4．本课程的主要内容包括_________________________、____________________________、____________________________、__________________、__________________等。

5．学习金属材料与热处理时，应注意按照材料的__________和________决定其性能，性能又决定其____________这一内在关系进行学习和记忆。

二、选择题（将正确答案的代号填在括号内）

1.（　　）是指由单一元素构成的具有特殊光泽、延展性、导电性、导热性的物质。

A．金属　　B．合金　　C．金属材料

2.（　　）是指由一种金属元素与其他金属元素或非金属元素通过熔炼或其他方法合成的具有金属特性的材料。

A．金属　　B．合金　　C．金属材料

3.（　　）是金属及其合金的总称。

A．金属　　B．合金　　C　金属材料

三、思考与练习

1．掌握金属材料与热处理的相关知识对机械加工有何现实意义？

2．根据所学内容完成下图。

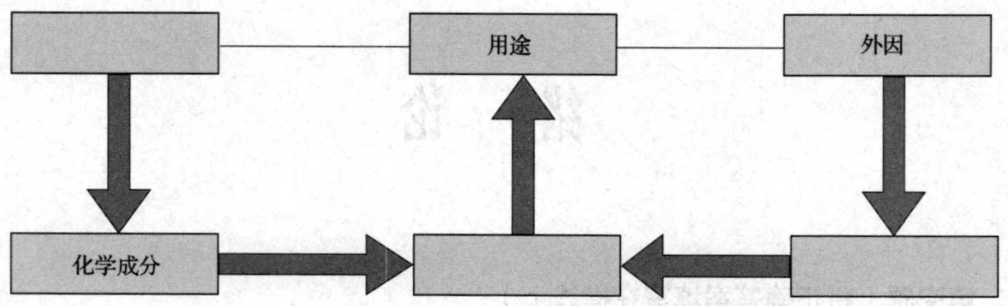

3．如何学好金属材料与热处理这门课程？

第一章 金属的结构与结晶

§1-1 金属的晶体结构

一、填空题（将正确答案填写在横线上）

1. 原子呈无序堆积状态的物质称为__________，呈有序规则排列的物质称为__________。一般固态金属都属于__________。

2. 常见的金属晶格类型有__________晶格、__________晶格和__________晶格三种。铬属于__________晶格，铜属于__________晶格，锌属于__________晶格。

3. 晶体中的某些原子偏离正常位置，造成原子紊乱排列的现象称为__________，常见的类型有__________、__________和__________。

二、判断题（正确的打“√”，错误的打“×”）

1. 非晶体具有各向同性的特点。（ ）
2. 单晶体具有各向异性的特点。（ ）
3. 多晶体中，各晶粒的位向是完全相同的。（ ）
4. 相同原子构成的晶体之间的性能相似。（ ）

三、选择题（将正确答案的代号填在括号内）

1. α-Fe是具有（ ）晶格的铁。
   A. 体心立方　B. 面心立方　C. 密排六方
2. 固态物质按内部微粒的排列方式可分为（ ）。
   A. 金属与非金属　B. 原子与分子　C. 晶体与非晶体
3. 金属晶体结构中的晶界属于晶体缺陷中的（ ）。
   A. 点缺陷　B. 线缺陷　C. 面缺陷

四、名词解释

1. 晶格与晶胞

2．单晶体与多晶体

五、思考与练习

请说出下面三种金属晶格的名称。

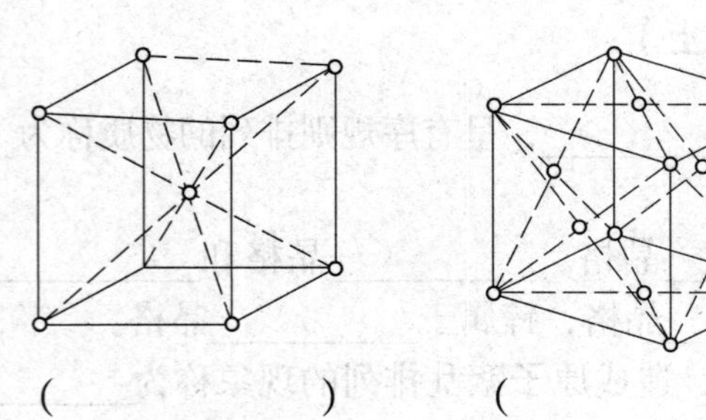

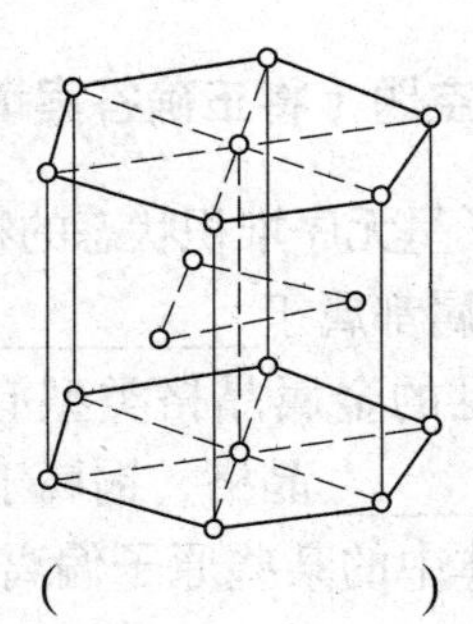

（　　　）　　（　　　）　　（　　　）

§1-2　纯金属的结晶

一、填空题（将正确答案填写在横线上）

1．结晶是指金属从高温__________冷却凝固为原子有序排列的________________的过程。

2．金属结晶时，理论结晶温度与实际结晶温度之差称为__________。

3．过冷度的大小与____________有关，______________越快，金属的实际结晶温度越________，过冷度越大。

4．金属的整个结晶过程包括__________和__________两个基本过程。

5．一般细晶粒金属比粗晶粒金属具有较高的____________和_____________以及较好的________和韧性。

二、判断题（正确的打“√”，错误的打“×”）

1．金属结晶时，过冷度越大，结晶后晶粒越粗。（　　）

2．一般情况下，金属的晶粒越细，其力学性能越差。（　　）

3. γ-Fe 与 α-Fe 均属纯铁，因此两者的性能毫无差异。 (　　)

4. 金属的同素异构转变是在恒温下进行的。 (　　)

5. 组成元素相同而结构不同的各金属晶体就是同素异构体。 (　　)

6. 同素异构转变也遵循晶核形成与晶核长大的规律。 (　　)

三、选择题（将正确答案的代号填在括号内）

1. 纯铁加热到 1 450 ℃时，得到具有体心立方晶格的（　　）；加热到 1 000 ℃时，得到具有面心立方晶格的（　　）；加热到 600 ℃时，得到具有体心立方晶格的（　　）。

A. α-Fe　　B. γ-Fe　　C. δ-Fe

2. α-Fe 转变为 γ-Fe 时的温度为（　　）℃。

A. 770　　B. 912　　C. 1 394

3. 变质处理的目的是（　　）。

A. 细化晶粒　　B. 改变晶体结构　　C. 改善冶炼质量，减少杂质

4. 金属结晶时，冷却速度越快，其实际结晶的温度就越低，过冷度就（　　）。

A. 越大　　B. 越小　　C. 不变

四、名词解释

1. 结晶与结晶潜热

2. 同素异构转变

五、思考与练习

1. 纯金属结晶时，其冷却曲线为何有一段水平线?

2. 为什么要细化晶粒? 生产中常用的细化晶粒的方法有哪几种?

3. 如果其他条件相同，试比较下列铸造条件下铸铁晶粒的大小。

（1）铸成薄件与铸成厚件。

（2）浇铸时采用振动与不采用振动。

（3）金属模浇铸与砂型浇铸。

第二章　金属材料的性能

§2-1　金属材料的力学性能

一、填空题（将正确答案填写在横线上）

1．金属材料的性能一般分为两类，一类是__________，它包括物理性能、化学性能和力学性能等；另一类是__________。

2．大小不变或变化过程缓慢的载荷称为__________载荷，在短时间内以较高的速度作用于零件上的载荷称为__________载荷，大小、方向或大小和方向随时间发生周期性变化的载荷称为__________载荷。

3．变形一般分为__________变形和__________变形两种。不能随载荷的去除而消失的变形称为__________变形。

4．强度是指金属材料在________载荷的作用下，抵抗________或________的能力。

5．强度的常用衡量指标有________和________，分别用符号________和________表示。

6．如果零件工作时所受的应力低于材料的________或________，则不会产生过量的塑性变形。

7．有一钢试样，其横截面积为 100 cm^2，已知钢试样的下屈服强度 R_{eL}=314 MPa，抗拉强度 R_m=530 MPa。进行拉伸试验时，当受到拉力为________时，试样出现屈服现象；当受到拉力为________时，试样出现缩颈现象。

8．断裂前金属材料产生________的能力称为塑性。金属材料的________和________数值越大，表示材料的塑性越好。

9．一拉伸试样的原标距长度为 50 mm，直径为 10 mm，拉断后试样的标距长度为 79 mm，缩颈处的最小直径为 4.9 mm，此材料的断后伸长率为________，断面收缩率为________。

10．500HBW5/750 表示用直径为________mm，材料为________球形压头，在________N 压力下，保持________s，测得的________硬度值为________。

11．金属材料抵抗________载荷作用而________的能力，称为冲击韧性。

12．对于黑色金属，一般规定应力循环________周次而不断裂的最大应力为疲劳强度，有色金属、不锈钢等取________周次。

13．填出下列力学性能指标的符号：屈服强度________，抗拉强度________，洛氏硬度 C 标尺________，断后伸长率________，断面收缩率________，冲击吸收能量________，疲劳强度________。

二、判断题（正确的打“√”，错误的打“×”）

1．弹性变形不能随载荷的去除而消失。 （ ）
2．金属在外力作用下的变形可分为弹性变形、弹—塑性变形和断裂三个阶段。（ ）
3．所有金属材料在做拉伸试验时都会出现显著的屈服现象。 （ ）
4．材料的屈服强度越低，则允许的工作应力越高。 （ ）
5．做布氏硬度试验时，在相同试验条件下，压痕直径越小说明材料的硬度越低。（ ）
6．洛氏硬度值无单位。 （ ）
7．在实际应用中，维氏硬度值是根据测定压痕对角线长度，再查表得到的。 （ ）
8．布氏硬度测量法不宜用于测量成品及较薄的零件。 （ ）
9．一般用洛氏硬度计而不用布氏硬度计来检测淬火钢成品工件的硬度。 （ ）
10．洛氏硬度值是根据压头压入被测定材料的压痕深度得出的。 （ ）
11．一般来说，硬度高的材料其强度也较高。 （ ）
12．选材时，只要满足工件使用要求即可，并非各项性能指标越高越好。 （ ）
13．通常说钢比铸铁抗拉强度高，是指单位截面积的承力能力前者高、后者低。（ ）

三、选择题（将正确答案的代号填在括号内）

1．做拉伸试验时，试样拉断前所能承受的最大力的应力称为材料的（ ）。
A．屈服强度 B．抗拉强度 C．弹性极限
2．做疲劳试验时，试样承受的载荷为（ ）。
A．静载荷 B．冲击载荷 C．交变载荷
3．洛氏硬度 C 标尺所用的压头是（ ）。
A．淬硬钢球 B．金刚石圆锥体 C．硬质合金球
4．用拉伸试验可测定材料的（ ）性能指标。
A．强度 B．硬度 C．韧性
5．在设计机械零件进行强度计算时，一般用（ ）作为设计的主要依据。
A．R_{eL} B．R_m C．R_{-1}
6．测定铸铁的硬度，采用（ ）较为适宜。
A．布氏硬度 HBW B．洛氏硬度 HRC C．维氏硬度 HV
7．常用的洛氏硬度标尺有 A、B、C 三种，其中应用最广的是（ ）。
A．A 标尺 B．B 标尺 C．C 标尺
8．目前应用范围最广的硬度试验方法是（ ）。
A．布氏硬度试验法 B．洛氏硬度试验法 C．维氏硬度试验法

四、名词解释

1．弹性变形与塑性变形

2．内力与应力

3．屈服强度

4．抗拉强度

5．硬度

五、思考与练习

1．画出低碳钢力－伸长曲线，并简述拉伸变形的几个阶段。

2．在表格中填写下列材料常用的硬度测量法及硬度值符号。

材料	硬度测量法	硬度值符号
铝合金半成品		
一般淬火钢		
铸铁		
表面氮化层		

3．有一根环形链条，用直径为 2 cm 的钢条制造，已知此材料的抗拉强度 R_m=300 MPa，该链条能承受的最大载荷是多少？

环形链条

4．自行车的中轴和链盒所用材料中，哪种需要较高的硬度和强度？哪种需要较好的塑性和韧性？为什么？

自行车

5．齿轮和车床导轨相比较，哪个更容易发生疲劳破坏？为什么？

齿轮

车床导轨

§2-2　金属材料的物理性能与化学性能

一、填空题（将正确答案填写在横线上）

1. 物理性能是材料固有的属性，金属的物理性能包括________、________、________、________、________等。

2. 熔点是材料从______转变为______的温度，金属等晶体材料一般具有______的熔点。

3. 传导电流的能力称为______，用______来衡量。电阻率越小，金属材料的导电性越______，金属导电性以______为最好。

4. 导热性通常用________来衡量。

5. 金属材料随着温度变化而膨胀、收缩的特性称为________。在________和________时要考虑材料的热膨胀影响，以减少工件的变形和开裂。

6. 金属材料在磁场中被磁化而呈现磁性强弱的性能称为________。根据在磁场中受到磁化程度的不同，金属材料分为____________、____________和____________。

7. 金属的化学性能包括____________和____________。

二、判断题（正确的打"√"，错误的打"×"）

1. 1 kg 铜和 1 kg 铝的体积是相同的。（　　）

2. 钢具有良好的力学性能，适宜制造航天飞机机身等结构件。（　　）

3. 钨、钼等高熔点金属可用于制作耐高温元件，铅、锡、铋等低熔点金属可用于制作熔丝和焊接钎料等。（　　）

4. 电阻率 ρ 高的材料导电性能良好。（　　）

5. 导热性能良好的金属可以制作散热器。（　　）

6. 一般金属材料都有热胀冷缩的现象。（　　）

7. 金属都具有铁磁性，都能被磁铁所吸引。（　　）

三、选择题（将正确答案的代号填在括号内）

1.（　　）的导电性最好。

A. 铜　　B. 铝　　C. 银

2.（　　）的导热性最好。

A. 铜　　B. 铝　　C. 银

3. 当温度升高到（　　）℃时，铁磁性材料变为顺磁体，这个转变温度称为居里点。

A. 360　　B. 770　　C. 100

4. 密度（　　）4.5×10^3 kg/m^3 的金属称为轻金属。

A. 小于　　B. 等于　　C. 大于

5.（　　）等金属是顺磁性材料。

A. 铁、钴　　B. 锰、铬　　C. 铜、锌

四、名词解释

1．热膨胀性

2．磁性

3．耐腐蚀性

五、思考与练习

1．通过网络和书籍查阅相关资料，找出密度最高和最低、熔点最高和最低的金属材料，并说明其用途。

2．提高高温抗氧化性的措施是什么？

§ 2–3　金属材料的工艺性能

一、填空题（将正确答案填写在横线上）

1．金属材料的工艺性能包括________性能、________性能、________性能、________性能和________性能。

2．铸造性能主要取决于金属的________、________和________等。

3．锻压性能常用____________和____________两个指标来综合衡量。

二、判断题（正确的打“√”，错误的打“×”）

1．金属的工艺性能好，表明加工容易，加工质量容易保证，加工成本也较低。（　　）

2．铸铁的铸造性能较好，故常用来铸造形状复杂的工件。（　　）

3．低碳钢和低合金钢的锻造性能差，而中碳钢、高碳钢和高合金钢的锻造性能好。（　　）

4．低碳钢的焊接性能优于高碳钢。（　　）

三、选择题（将正确答案的代号填在括号内）

1．下列常用铸造合金中流动性最好的是（　　）。
A．灰铸铁　B．铝合金　C．铸钢

2．金属的锻压性能主要取决于材料的（　　）。
A．塑性与变形抗力　B．耐蚀性　C．热膨胀性

3．一般认为材料（　　）时，其切削加工性能较好。
A．具有适当硬度和一定脆性
B．硬度低、韧性与塑性好
C．硬度高、塑性差

4．下列材料中具有良好的焊接性能的是（　　）。
A．低碳钢　B．高碳钢　C．铸铁

四、名词解释

1．工艺性能

2．热处理性能

§2-4　力学性能试验

试验1　拉伸试验

1．通过拉伸试验可测量哪些力学性能指标？

2．仔细观察拉伸过程中的各种现象（屈服、强化、缩颈、断裂），根据试验记录完成下表。

试验数据处理表

<table>
<tr><th>材料</th><th>试验数据</th><th colspan="2">试验结果</th></tr>
<tr><td rowspan="6">低碳钢</td><td>屈服时的最小载荷 F_{eL}= N</td><td colspan="2">下屈服强度 R_{eL}= MPa</td></tr>
<tr><td>拉断前的最大载荷 F_m= N</td><td colspan="2">抗拉强度 R_m= MPa</td></tr>
<tr><td rowspan="4">力－伸长曲线</td><td colspan="2">断后伸长率 A= %</td></tr>
<tr><td colspan="2">断面收缩率 Z= %</td></tr>
<tr><td rowspan="2">试件形状</td><td>拉伸前：</td></tr>
<tr><td>拉伸后：</td></tr>
<tr><td rowspan="3">铸铁</td><td>拉断前的最大载荷 F_m= N</td><td colspan="2">抗拉强度 R_m= MPa</td></tr>
<tr><td rowspan="2">力－伸长曲线</td><td rowspan="2">试件形状</td><td>拉伸前：</td></tr>
<tr><td>拉伸后：</td></tr>
</table>

试验 2　硬度测试

1．将记录数据填入下表并给出试验结论。

洛氏硬度试验记录表

材料	标尺	第一次	第二次	第三次	平均值	备注（压头、载荷）
45 钢淬火	HRC					
高速钢刀片	HRC					

布氏硬度试验记录表

<table>
<tr><th></th><th>第一次</th><th>第二次</th><th>第三次</th><th>平均值</th><th>备注（硬质合金球直径、试验载荷、保持时间、F/D^2值）</th></tr>
<tr><td>压痕平均直径d</td><td></td><td></td><td></td><td></td><td rowspan="2"></td></tr>
<tr><td>HBW</td><td></td><td></td><td></td><td></td></tr>
</table>

2．比较布氏硬度试验法和洛氏硬度试验法的优缺点。

第三章 铁碳合金

§3-1 合金及其组织

一、填空题（将正确答案填写在横线上）

1．合金是以一种金属为基础，加入其他________或________，经过熔合而获得的具有________的材料。

2．合金中成分、结构及性能相同的组成部分称为________。

3．根据合金中各组元之间的相互作用不同，合金的组织可分为________、________和________三种类型。

4．根据溶质原子在溶剂晶格中所处的位置不同，固溶体可分为________与________两类。

5．合金组元之间发生________而形成的一种具有________的物质称为金属化合物。其性能特点是________高、________高、________高以及化学稳定性良好。

6．铁碳合金的基本组织有五种，它们分别是________、________、________、________和________。

7．在铁碳合金的基本组织中，________、________和________是单相组织。

8．铁素体的性能特点是具有良好的________和________，而________和________较低。

9．铁碳合金的基本组织中属于固溶体的有________和________，属于金属化合物的有________，属于两相混合物的有________和________。

10．分别写出下列铁碳合金组织的符号：铁素体________，奥氏体________，渗碳体________，珠光体________，高温莱氏体________，低温莱氏体________。

11．碳在奥氏体中的溶解度随温度的不同而变化，在 1 148 ℃时碳的溶解度可达________，在 727 ℃时碳的溶解度可达________。

12．莱氏体是________和________的混合物，当温度低于 727 ℃时，莱氏体中的________转变为________，所以室温下的莱氏体是由________和________组成的，又称为________。

二、判断题（正确的打“√”，错误的打“×”）

1．组成合金的组元必须是金属元素。（ ）

2．固溶体的晶格类型与其溶剂的晶格类型相同。（ ）

3．固溶体的强度一般比构成它的纯金属高。（　　）

4．金属化合物晶格类型完全不同于任一组元的晶格类型。（　　）

5．金属化合物一般具有复杂的晶体结构。（　　）

6．碳在 γ-Fe 中的溶解度比在 α-Fe 中的溶解度低。（　　）

7．奥氏体的强度、硬度不高，但其具有良好的塑性。（　　）

8．渗碳体是铁与碳的混合物。（　　）

9．碳在奥氏体中的溶解度随温度的升高而减小。（　　）

10．渗碳体的性能特点是硬度高、脆性大。（　　）

11．含碳量为 0.15% 和 0.35% 的钢属于亚共析钢，在室温下的组织由珠光体和铁素体组成，所以它们的力学性能相同。（　　）

12．莱氏体的平均含碳量为 2.11%。（　　）

三、选择题（将正确答案的代号填在括号内）

1．组成合金的最基本的独立物质称为（　　）。

A．相　　B．组元　　C．组织

2．金属发生结构改变的温度称为（　　）。

A．临界点　　B．凝固点　　C．过冷度

3．合金发生固溶强化的主要原因是（　　）。

A．晶格类型发生了变化

B．晶粒细化

C．晶格发生了畸变

4．铁素体为（　　）晶格，奥氏体为（　　）晶格。

A．面心立方　　B．体心立方　　C．密排六方

5．渗碳体的含碳量为（　　）。

A．0.77%　　B．2.11%　　C．6.69%

6．珠光体的含碳量为（　　）。

A．0.77%　　B．2.11%　　C．6.69%

四、名词解释

1．固溶强化

2．无限固溶体与有限固溶体

§3-2　铁碳合金相图

一、填空题（将正确答案填写在横线上）

1．铁碳合金相图是表示在缓慢冷却（或缓慢加热）的条件下，不同________的铁碳合金的________或________随________变化的图形。

2．含碳量大于______________而小于______________的铁碳合金称为钢。

3．根据室温组织的不同，钢又分为三类：亚共析钢，其室温组织为________和_______；共析钢，其室温组织为________；过共析钢，其室温组织为________和_______________。

4．共析钢冷却到 *S* 点时会发生共析转变，从奥氏体中同时析出_________和_________的混合物，称为_________。

二、判断题（正确的打"√"，错误的打"×"）

1．铁碳合金中的 A_1 线是指 *GS* 线。（　　）

2．钢的含碳量越高，其强度、硬度越高，塑性、韧性越好。（　　）

3．接近共晶成分的合金，一般铸造性较好。（　　）

4．过共晶白口铸铁的室温组织是低温莱氏体加一次渗碳体。（　　）

三、选择题（将正确答案的代号填在括号内）

1．共晶白口铸铁的含碳量为（　　）。

A．2.11%　　B．4.3%　　C．6.69%

2．铁碳合金共晶转变的温度是（　　）℃。

A．727　　B．1 148　　C．1 227

3．含碳量为 1.2% 的铁碳合金，在室温下的组织为（　　）。

A．珠光体　　B．珠光体 + 铁素体　　C．珠光体 + 二次渗碳体

4．铁碳合金相图上的 *ES* 线，其代号用（　　）表示，*PSK* 线用代号（　　）表示，*GS* 线用代号（　　）表示。

A．A_1　　B．A_3　　C．A_{cm}

5．铁碳合金相图上的共析线是（　　）。

A．*ACD*　　B．*ECF*　　C．*PSK*

6．将含碳量为 1.5% 的铁碳合金加热到 650 ℃时，其组织为（　　）；加热到 850 ℃

时，其组织为（　　）；加热到 1 100 ℃时，其组织为（　　）。

A．珠光体　　B．奥氏体

C．珠光体 + 渗碳体　　D．奥氏体 + 渗碳体

7．亚共析钢冷却到 *GS* 线时，要从奥氏体中析出（　　）。

A．铁素体　　B．渗碳体　　C．珠光体

8．亚共析钢冷却到 *PSK* 线时将发生共析转变，奥氏体转变成（　　）。

A．珠光体 + 铁素体　　B．珠光体　　C．铁素体

四、名词解释

1．共晶转变

2．共析转变

五、思考与练习

1．绘出简化后的 Fe–Fe_3C 相图。

2．根据 Fe–Fe_3C 相图填写下表。

特性点	温度 /℃	含碳量 /%	含义
A			
E			
G			
C			
S			
D			

特性线	含义
ACD	
ECF	
PSK	
AECF	
GS	
ES	

3．根据 $Fe\text{-}Fe_3C$ 相图，说明产生下列现象的原因。

（1）含碳量 1% 的铁碳合金比含碳量 0.5% 的铁碳合金硬度高。

（2）一般要把钢材加热到 1 000 ~ 1 250 ℃高温下进行锻轧加工。

（3）靠近共晶成分的铁碳合金的铸造性能好。

4．为什么白口铸铁一般不能直接作为机加工零件的材料，但却能用它铸造犁、铧等农具？

犁

§3-3 观察铁碳合金的平衡组织（试验）

1．使用金相显微镜的注意事项有哪些?

2．将观察时绘制的试样组织示意草图进行修正，按下表中例图的形式画在表中，并标明各组织的名称，注明试样成分和放大倍数。

不同含碳量铁碳合金的显微组织

试样名称	含碳量/%	显微组织（示意图）	试样名称	含碳量/%	显微组织（示意图）
20钢			亚共晶白口铸铁		
45钢			共晶白口铸铁		
T8钢			过共晶白口铸铁		
T12钢			30钢（示例）	0.3	F P F+P ×500

§3–4 非合金钢

一、填空题（将正确答案填写在横线上）

1．按照国家标准 GB/T 13304.1—2008《钢分类》的规定，钢按化学成分分为＿＿＿＿、＿＿＿＿和＿＿＿＿三大类。

2．非合金钢中除＿＿＿和＿＿＿两种元素外，还不可避免地在冶炼过程中从生铁、脱氧剂等炉料中带入一些其他杂质元素，其中主要有＿＿＿、＿＿＿、＿＿＿、＿＿＿等元素。

3．研究表明，当含氢量超过＿＿＿＿时，钢的塑性实际近乎完全丧失，这种现象常称为＿＿＿＿。

4．按含碳量不同，非合金钢可分为＿＿＿＿、＿＿＿＿、＿＿＿＿三类。

5．按质量等级不同，非合金钢可分为＿＿＿＿、＿＿＿＿、＿＿＿＿三类。

6．按用途不同，非合金钢可分为＿＿＿＿和＿＿＿＿两类。

7．按脱氧程度不同，非合金钢可分为＿＿＿＿、＿＿＿＿、＿＿＿＿三类。

8．含碳量＿＿＿＿的钢为低碳钢，含碳量在＿＿＿＿的钢为中碳钢，含碳量＿＿＿＿的钢为高碳钢。

9．普通质量非合金钢主要有一般用途的＿＿＿＿、＿＿＿＿、＿＿＿＿等。

10．优质非合金钢主要包括＿＿＿＿、＿＿＿＿、＿＿＿＿、＿＿＿＿、＿＿＿＿、＿＿＿＿等。

11．特殊质量非合金钢主要包括＿＿＿＿、＿＿＿＿、＿＿＿＿、＿＿＿＿。

12．按 GB/T 221—2008 的规定，我国钢铁产品牌号表示方法采用＿＿＿＿、＿＿＿＿和＿＿＿＿相结合的原则。

13．碳素结构钢的质量等级用英文字母 A、B、C、D 表示，从＿＿到＿＿依次提高。

14．脱氧方法符号：F 为＿＿＿＿、Z 为＿＿＿＿、TZ 为＿＿＿＿。

15．45 钢按用途分类属于＿＿＿＿钢，按含碳量分类属于＿＿＿＿钢，按质量等级分类属于＿＿＿＿钢。

16．T12A 钢按用途分类属于＿＿＿＿钢，按含碳量分类属于＿＿＿＿钢，按质量等级分类属于＿＿＿＿钢。

17．Q275 钢按用途分类属于＿＿＿＿钢，按质量等级分类属于＿＿＿＿钢。

二、判断题（正确的打“√”，错误的打“×”）

1．硅作为杂质，其含量一般应不超过 0.4%。（　　）

2．为了避免热脆，必须严格控制钢的含硫量，通常应小于 0.05%。（　　）

3．要严格控制钢的含磷量，通常应小于 0.045%。（　　）

4．氧也有使钢呈热脆性的作用。（ ）
5．结构钢的含碳量一般均小于 0.70%。（ ）
6．碳素工具钢的含碳量较高，一般属于高碳钢。（ ）
7．优质非合金钢比特殊质量非合金钢的硫、磷含量低。（ ）
8．碳素结构钢主要用于制造建筑结构件、工程结构件和各种机械零件。（ ）
9．碳素工具钢主要用于制造各种刀具、量具和模具。（ ）
10．镇静钢是比特殊镇静钢脱氧程度更充分彻底的钢。（ ）
11．T10 钢的平均含碳量为 10%。（ ）
12．由于锰、硅都是有益元素，适当增加其含量，能提高钢的强度。（ ）
13．硫是钢中的有益元素，它能使钢的脆性降低。（ ）
14．碳素工具钢的含碳量均在 0.7% 以上。（ ）
15．Q215 钢适用于制造桥梁、船舶等。（ ）
16．65Mn 等含碳量大于 0.6% 的优质非合金钢适用于制造弹簧。（ ）
17．铸钢可用于铸造形状复杂、力学性能较高的零件。（ ）
18．低碳钢的强度、硬度较低，但塑性、韧性及焊接性能较好。（ ）
19．优质碳素结构钢牌号中的两位阿拉伯数字表示钢中平均含碳量的百分数。（ ）
20．碳素工具钢牌号中的阿拉伯数字表示钢中平均含碳量的千分数。（ ）

三、选择题（将正确答案的代号填在括号内）

1．使钢产生热脆性的元素是（ ）。
A．硫 B．磷 C．氢
2．使钢产生冷脆性的元素是（ ）。
A．硫 B．磷 C．氢
3．使钢产生白点的元素是（ ）。
A．氧 B．氮 C．氢
4．锰作为杂质，其含量一般不应超过（ ）。
A．0.8% B．0.4% C．0.05%
5．硅作为杂质，其含量一般不应超过（ ）。
A．0.8% B．0.4% C．0.05%
6．08 钢的平均含碳量为（ ）。
A．0.08% B．0.8% C．8%
7．下列牌号中，属于优质碳素结构钢的有（ ）。
A．T8A B．08 C．Q235AF
8．下列牌号中，属于工具钢的有（ ）。
A．20 B．65Mn C．T10A
9．选择制造下列零件的材料：冷冲压件（ ），齿轮（ ），小弹簧（ ）。
A．08 B．65Mn C．45
10．选择制造下列工具的材料：錾子（ ），锉刀（ ），手工锯条（ ）。
A．T8 B．T10 C．T12

11．下列牌号中，最适合制造车床主轴的是（　　）。

A．T8　　B．Q195　　C．45

四、名词解释

1．热脆性

2．冷脆性

3．氢脆

4．普通质量非合金钢

5．优质非合金钢

6．特殊质量非合金钢

7．08

8．45

9．65Mn

10．T12A

11．ZG340-640

12．Q235AF

五、思考与练习

1．非合金钢中常含的杂质元素有哪些？哪些元素是有益的？哪些元素是有害的？

2．非合金钢常用的分类方法有哪些？是如何分类的？

3．家用电器上用于连接的螺钉、螺母和汽车轮子上用的螺钉、螺母可以选用相同的材料吗？为什么？

螺钉、螺母

第四章　钢的热处理

§4-1　热处理的原理、分类及钢在加热和冷却时的组织转变

一、填空题（将正确答案填写在横线上）

1. 热处理是对________的金属或合金采用适当的方式进行______、______和______，以获得所需要的__________与性能的工艺。

2. 钢能通过热处理改变组织结构和性能的根本原因是铁具有_____________的特性。

3. 根据 GB/T 12603—2005，钢的热处理可分为________热处理、________热处理、________热处理。

4. 热处理不改变工件的________和________，只改变工件的________。

5. 钢在加热时的组织转变，主要包括奥氏体的___________和___________两个过程。

6. 为了得到细小而均匀的奥氏体晶粒，必须严格控制___________和___________，以免发生晶粒粗大的现象。

7. 过冷奥氏体的转变包括__________、___________和__________等几种类型。

8. 发生珠光体型转变时，过冷度越大，形成的珠光体片层________；塑性变形抗力越大，________和________越高。

9. 贝氏体可分为________和________，其中________是一种较理想的组织。

10. 奥氏体转变为马氏体需要很大的过冷度，其冷却速度应大于_________________，而且必须过冷到________温度以下。

11. 过冷奥氏体转变为马氏体，仅仅是________改变，而不发生_________________，所以马氏体是________在________中的________固溶体。

12. 马氏体的组织形态有针状和板条状两种。__________马氏体的含碳量高，性能特点是_________________；________马氏体的含碳量低，性能特点是具有良好的______和较好的__________。

13. 马氏体的硬度主要取决于马氏体中的________。马氏体的________越高，其硬度也越高。

二、判断题（正确的打“√”，错误的打“×”）

1. 实际加热时的临界点总是低于相图上的临界点。（　　）

2. 珠光体向奥氏体转变也是通过形核及晶核长大的过程进行的。（　　）

3. A_1 线以下仍未转变的奥氏体称为残余奥氏体。（　　）

4. 珠光体、索氏体、屈氏体都是片层状的铁素体和渗碳体的混合物，所以它们的力学性能相同。（ ）

5. 下贝氏体具有较高的强度、硬度和较好的塑性、韧性。（ ）

6. 钢在实际加热条件下的临界点分别用 Ar_1、Ar_3、Ar_{cm} 表示。（ ）

三、选择题（将正确答案的代号填在括号内）

1. 过冷奥氏体是指冷却到（ ）温度以下，仍未转变的奥氏体。

A. *Ms*　　B. *Mf*　　C. Ar_1

2. 冷却转变停止后仍未转变的奥氏体称为（ ）。

A. 过冷奥氏体　　B. 残余奥氏体　　C. 低温奥氏体

四、名词解释

1. 马氏体

2. *Ms* 线和 *Mf* 线

3. 临界冷却速度

五、思考与练习

画出热处理的工艺曲线。

§4-2 热处理的基本方法

一、填空题（将正确答案填写在横线上）

1．根据加热温度和目的不同，常用的退火方法有____________、____________和____________三种。

2．对于存在网状渗碳体的过共析钢，不能直接进行球化退火，必须先通过________以消除钢中的网状渗碳体组织，再进行____________。

3．由于去应力退火时温度低于______，所以钢件在去应力退火过程中不发生__________变化，目的是____________。

4．传统的淬火冷却介质有________、________、________和________等，它们的冷却能力依次________。其中，________和________是目前生产中应用最广的冷却介质。

5．工厂中常用的淬火方法有____________、__________、___________和____________四种。

6．淬火的目的是获得______组织，提高钢的________、________和________。

7．淬火时常会产生__________、__________、__________、__________和___________等缺陷。

8．钢淬火后必须马上进行________，以________，________，防止工件变形、开裂及获得所需要的力学性能。

9．随着回火加热温度的升高，钢的________和________下降，而________和________提高。根据回火温度的不同，通常将回火分为__________、__________和__________三类。

10．生产中把__________________的热处理工艺称为“调质”，由于调质处理后工件可获得良好的____________，因此，重要的受力复杂的结构零件一般均采用调质处理。

11．通常金属材料最适合切削加工的硬度约在________范围内，为了使钢在切削时的硬度在这一范围内，低碳钢和中碳钢多采用________，而对于高碳钢通常要先进行正火再进行________。

二、判断题（正确的打“√”，错误的打“×”）

1．淬透性好的钢，淬火后硬度一定高。（　　）

2．淬火后的钢，回火时随温度的变化，组织会发生不同的转变。（　　）

3．上贝氏体是热处理后一种比较理想的组织。（　　）

4．马氏体组织是一种非稳定的组织。（　　）

5．索氏体和回火索氏体的性能没有太大区别。（　　）

6．完全退火不适用于高碳钢。（　　）

7．在去应力退火过程中，钢的组织不发生变化。（　　）

8．由于正火较退火冷却速度快，过冷度大，转变温度较低，获得组织较细，因此同一

种钢，经正火要比经退火后的强度和硬度高。 (　　)

9．钢的最高淬火硬度主要取决于钢中奥氏体的含碳量。 (　　)

10．淬火后的钢回火温度越高，回火后的强度和硬度也越高。 (　　)

11．钢回火加热温度在 Ac_1 以下，因此在回火过程中无组织变化。 (　　)

12．钢的晶粒因过热而粗化时，就有变脆倾向。 (　　)

三、选择题（将正确答案的代号填在括号内）

1．45 钢的正常淬火组织应为（　　）。

A．马氏体　　B．马氏体 + 铁素体　　C．马氏体 + 渗碳体

2．一般来说，碳钢淬火应选择（　　）作为冷却介质，合金钢淬火应选择（　　）作为冷却介质。

A．矿物油

B．20 ℃自来水

C．20 ℃质量分数为 10% 的食盐水溶液

3．确定碳钢淬火温度的主要依据是（　　）。

A．*Ms* 线　　B．等温转变曲线　　C．$Fe-Fe_3C$ 相图

4．钢在一定条件下淬火后，获得马氏体组织深度的能力称为（　　）。

A．淬硬性　　B．淬透性　　C．耐磨性

5．调质处理就是（　　）的热处理。

A．淬火 + 高温回火　　B．淬火 + 中温回火　　C．淬火 + 低温回火

6．球化退火一般适用于（　　）。

A．高碳钢　　B．低碳钢　　C．中碳钢

7．钢在调质处理后的组织是（　　）。

A．回火马氏体　　B．回火索氏体　　C．回火屈氏体

8．用 65Mn 钢做弹簧，淬火后应进行（　　）。

A．高温回火　　B．低温回火　　C．中温回火

9．钢在加热时，判断过烧现象的依据是（　　）。

A．表面氧化

B．奥氏体晶界发生氧化或熔化

C．奥氏体晶粒粗大

四、名词解释

1．退火

2．正火

3．淬火

4．回火

5．淬透性

6．淬硬性

五、思考与练习

1．钳工师傅在刃磨麻花钻时为什么要经常在水槽里进行冷却？

2．现要求对一批 20 钢的钢板进行弯折成形，但未弯到规定的角度时钢板就出现了裂纹，请问应该怎么办？

3．有一批 45 钢的锻件由于冷却不均匀，致使表面硬度不一，并存在较大的内应力，给后续切削加工带来了较大的困难，请问如何改善这批毛坯的切削性能呢？

45 钢锻件

§ 4–3　钢的表面热处理与化学热处理

一、填空题（将正确答案填写在横线上）

1．表面淬火的方法有___________、___________、___________和___________等。

2．化学热处理都是通过_______、_______和_______三个基本过程完成的，常用的化学热处理工艺有_______、_______和_______。

3．根据渗碳介质工作状态，渗碳方法可分为_______、_________和_______三种，应用最广泛的是_______。

4．渗氮的方法很多，目前应用最多的渗氮方法为_________和_________。

二、判断题（正确的打"√"，错误的打"×"）

1．感应加热表面淬火，淬硬层深度取决于电流频率。频率越低，淬硬层越浅；频率越高，淬硬层越深。（　　）

2．表面淬火只适用于中碳钢和中碳合金钢。（　　）

3．渗碳零件必须采用低碳钢和低碳合金钢。（　　）

4．钢渗氮后无须淬火即有很高的硬度及耐磨性。（　　）

三、选择题（将正确答案的代号填在括号内）

1．化学热处理与其他热处理方法的主要区别是（　　）。

A．加热温度　　B．组织变化　　C．改变表面化学成分

2．零件渗碳后一般须经（　　）处理，才能达到表面硬而耐磨的目的。

A．淬火 + 低温回火　　B．淬火 + 中温回火　　C．调质

3．用 15 钢制造的齿轮，要求齿轮表面硬度高而心部具有良好的韧性，应采用（　　）热处理。若改用 45 钢制造这一齿轮，则采用（　　）热处理。

A．淬火 + 低温回火

B．表面淬火 + 低温回火

C．渗碳 + 淬火 + 低温回火

4．零件渗碳后经淬火及低温回火，表面硬度值为（　　）。

A．45 ~ 50HRC　　B．58 ~ 64HRC　　C．170 ~ 230HBW

5．下列牌号的钢中不适合表面淬火的是（　　）。

A．45　　B．08　　C．65

6．火焰加热表面淬火和感应加热表面淬火相比，前者（　　）。

A．效率更高

B．淬硬层深度更易控制

C．设备简单

7. 渗氮零件与渗碳零件相比，前者（　　）。

A. 渗层硬度更高　　B. 渗层更厚　　C. 有更好的综合力学性能

8. 渗氮用钢必须是含有（　　）等合金元素的合金钢。

A. W、Mo、V　　B. Al、Cr、Mo　　C. Si、Mn、S

四、名词解释

1. 渗碳

2. 渗氮

§4–4　零件的热处理分析

一、填空题（将正确答案填写在横线上）

1. 工件在热处理后的________以及应当达到的________、________和________等要求，统称为热处理技术条件。

2. 一般零件均以________作为热处理技术条件；对渗碳零件应标注__________，对某些性能要求较高的零件还须标注__________指标或________要求。

3. 根据热处理的目的和工序位置的不同，热处理可分为________和__________两大类。

二、思考与练习

1. 现有一批T12钢制丝锥，其成品刃部硬度要求在60HRC以上，柄部硬度为35～40HRC，加工工艺为：轧制→热处理→机械加工→热处理→机械加工。简述上述热处理工序的具体内容和作用。

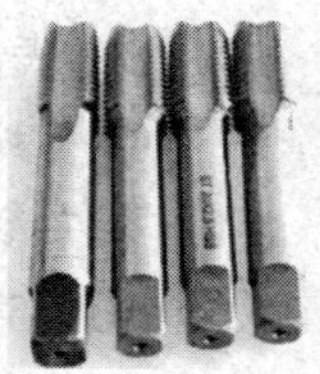

T12钢制丝锥

2．某厂用45钢制齿轮，要求整体具有良好的综合力学性能，齿面耐磨，其热处理技术条件为：整体硬度为220～250HBW，齿面硬度为48～53HRC。该齿轮的加工工艺路线为：锻造→热处理→机械加工→热处理→机械加工→检验后涂油入库。简述上述热处理工序的具体内容和作用。

45钢制齿轮

三、分析题

汽车变速齿轮选用20CrMnTi的锻件制造，热处理条件如下：齿面渗碳层深度为0.8～1.3 mm，齿面硬度为58～62HRC，心部硬度为33～48HRC，生产工艺路线为：备料→锻造→热处理1→机械加工→热处理2→热处理3→喷丸→校正花键孔→磨齿。回答以下问题。

（1）20CrMnTi属于__________钢，热处理1选用__________。

（2）热处理2选用__________，热处理2属于__________热处理。

（3）热处理3选用____________，在热处理3中，第一阶段冷却介质选用________，第二阶段冷却介质选用________。

（4）经过热处理3后，齿轮表面组织是______________。

*§4–5　参观热处理车间

1．了解企业。

企业名称	企业主要产品	参观的车间

2．到热处理车间进行设备观察与学习。

设备	名称	企业人员介绍	主要用途

续表

设备	名称	企业人员介绍	主要用途

总结			

第五章　低合金钢与合金钢

§5-1　低合金钢与合金钢的分类、牌号及合金元素在钢中的作用

一、填空题（将正确答案填写在横线上）

1．低合金钢按质量等级可分为__________、__________、__________三类。

2．合金钢按质量等级可分为________和________；按用途可分为__________、__________、__________等。

3．合金工具钢的牌号和合金结构钢的区别仅在于________的表示方法，它用一位数字表示平均含碳量的________，当含碳量________时不予标出。

4．滚动轴承钢牌号中，铬元素后面的数字是表示含铬量的________，其他元素仍用______表示。

5．钢铁及合金牌号统一数字代号由固定的________组成，左边第一位用大写的________作前缀（一般不使用字母“I”和“O”），后接________。

6．合金元素在钢中主要有____________、____________、______、__________和__________五大作用。

7．除______元素外，所有的合金元素溶解于奥氏体后均可增加过冷奥氏体的稳定性，使C曲线______移，减小钢的______，提高钢的______。

8．特殊碳化物比合金渗碳体具有更高的___、___和____，而且更稳定，不易分解。

9．常用的提高淬透性的合金元素主要有___、___、___、___和___等。

二、判断题（正确的打“√”，错误的打“×”）

1．低合金钢与合金钢是按所含合金元素的质量分数来划分的。（　　）

2．优质合金钢在生产过程中不需要特别控制质量和性能。（　　）

3．低合金结构钢的牌号与碳素结构钢的牌号基本相同。（　　）

4．合金弹簧钢牌号的表示方法与合金结构钢相同。（　　）

5．高速工具钢牌号头部一般不标明表示含碳量的阿拉伯数字。（　　）

6．38CrMoAlA的最后一个字母A代表该钢在室温下的组织为奥氏体。（　　）

7．低合金钢与合金钢的牌号中一定包含有至少一个合金元素符号。（　　）

8．钢铁及合金的每一个数字代号只适用于一个产品牌号。（　　）

9．合金元素都能溶于铁素体，形成合金铁素体。（　）

10．所有的合金元素都能提高钢的淬透性。（　）

11．在相同的强度条件下，低合金钢与合金钢的回火温度要比非合金钢高。（　）

12．在相同的回火温度下，低合金钢与合金钢比同样含碳量的非合金钢具有更高的硬度。（　）

13．红硬性高的钢必定有较高的回火稳定性。（　）

14．低合金钢与合金钢只有经过热处理，才能显著提高其力学性能。（　）

三、名词解释

1．Q390E

2．40Cr

3．GCr15

4．CrWMn

5．Cr12

6．12Cr13

7．W18Cr4V

8．06Cr19Ni10

9. 回火稳定性

10. 红硬性

§5–2 低合金钢

一、填空题（将正确答案填写在横线上）

1. 低合金高强度结构钢的碳的质量分数较低，一般__________，以保证具有良好的________、________和________。低合金高强度结构钢的生产工艺过程与碳素结构钢类似，而且价格与碳素结构钢接近，一般在________或________状态下使用。

2. 低合金高强度结构钢与非合金钢相比具有较高的________、________、________及良好的__________。

3. 现行国家标准 GB/T 1591—2018《低合金高强度结构钢》取消了__________牌号，以__________数值作为牌号中的强度级别，相应指标提高________MPa，以__________钢级替代__________钢级。

4. 低合金耐候钢是在低碳非合金钢的基础上加入少量______、______、______等合金元素，使钢表面形成一层保护膜的钢。我国目前使用的耐候钢分为________和________两大类。

5. 为满足某些行业的特殊需要，对低合金高强度结构钢的________、________及__________做了相应的调整和补充，从而形成了门类众多的低合金专业用钢。

6. 对锅炉用钢的性能要求主要是有良好的__________和__________性能，以及一定的________、__________和____________等。

二、判断题（正确的打“√”，错误的打“×”）

1. 一般低合金钢总合金元素的质量分数不超过 3%。 （ ）

2. 低合金高强度结构钢的碳的质量分数较低，一般≤0.20%。 （ ）

3. 低合金高强度结构钢中钒、钛、铝、铌元素是细化晶粒元素。 （ ）

4. Q355 用于制造桥梁、船舶、车辆等。 （ ）

5. 为了进一步改善耐候钢的性能，还可再添加微量的铌、钒、钛、钼、锆等。（ ）

6. 高耐候钢与焊接耐候钢相比，前者具有更好的耐大气腐蚀性能。 （ ）

三、选择题（将正确答案的代号填在括号内）

1．一般低合金钢总合金元素的质量分数不超过（　　）。

A．3%　　B．4%　　C．5%

2．（　　）用于大型工程结构件和工程机械。

A．Q390　　B．Q460　　C．Q355

3．下列材料中，（　　）是锅炉用钢。

A．20MnVK　　B．15CrMoR　　C．16MnL

4．信号发射塔使用的材料是（　　）。

A．Q355GNH　　B．370L　　C．Q355R

四、思考与练习

1．低合金高强度结构钢中常加入的合金元素有哪些？有何作用？

2．低合金耐候钢为什么能耐大气腐蚀？

§5-3　合　金　钢

一、填空题（将正确答案填写在横线上）

1．合金结构钢按其用途和热处理特点可以分为_________、_________、_________、_________等。

2．合金渗碳钢在经__________处理后，便有外硬内韧的性能，用来制造既具有优良的耐磨性和________，又能承受________作用的零件。

3．合金调质钢用来制造一些________的以及要求具有____________的重要零件。

4．合金弹簧钢中可加入的合金元素有______、______、______等。

5．滚动轴承钢除用来制造各种滚动轴承外，也可用来制造各种________和________零件。

6．滚动轴承钢的预先热处理采用____________，最终热处理为____________。

7．合金工具钢按用途可分为__________、__________和__________。

8．__________________钢热处理后变形小，又称微变形钢，主要用来制造较精密的________，如长铰刀、拉刀等。

9．高速钢是一种具有高________、高________的高合金工具钢，常用于制造________的刀具和________、载荷较大的成形刀具。

10．根据工作条件不同，模具钢又可分为____________、__________和塑料模具钢三类。

11．碳素工具钢的红硬性只有________，低合金刃具钢的红硬性可达________，高速钢的红硬性可达________。

12．随着不锈钢中含碳量的增加，其强度、________和________相应提高，但________下降。

13．常用的不锈钢按化学成分主要分为________不锈钢、________不锈钢和________不锈钢等；按金相组织特点又可分为________不锈钢、________不锈钢和________不锈钢等。

14．耐磨钢是指在巨大________和强烈________载荷作用下能发生________的高锰钢。

二、判断题（正确的打“√”，错误的打“×”）

1．合金渗碳钢的热处理工艺是：渗碳 + 淬火 + 低温回火。（　　）

2．合金渗碳钢都是低碳钢。（　　）

3．合金渗碳钢加入合金元素主要是为提高钢的淬透性。（　　）

4．合金调质钢调质处理后的组织是回火屈氏体。（　　）

5．热成形弹簧成形后需进行淬火和低温回火。（　　）

6．冷成形弹簧成形后不再进行淬火，只需进行 250 ~ 300 ℃的去应力退火。（　　）

7．GCr15 钢是滚动轴承钢，但又可制造量具、刀具和冷冲模具等。（　　）

8．滚动轴承钢都是高碳钢。（　　）

9．合金工具钢都是高碳钢。（　　）

10．低合金刃具钢是在碳素工具钢的基础上加入少量合金元素的钢。（　　）

11．低合金刃具钢的预备热处理是完全退火。（　　）

12．高速钢的含碳量都≥1%。（　　）

13．高速钢除用于制造高速切削刀具外，还可用于制造冷挤压模及某些耐磨零件。（　　）

14．高速钢的最终热处理是：淬火 + 多次高温回火，所以是调质处理。（　　）

15．小型冷作模具可采用碳素工具钢或低合金刃具钢来制造。（　　）

16．热作模具通常采用高碳合金钢制造。（　　）

17．热作模具钢的最终热处理是：淬火 + 低温回火。（　　）

18．制造量具没有专用钢种，可用碳素工具钢、合金工具钢和滚动轴承钢代替。（　　）

19. 不锈钢不一定耐酸，而耐酸钢一般都具有良好的耐蚀性。 ( )
20. 不锈钢的含铬量都在 13% 以上。 ( )
21. 奥氏体不锈钢的耐蚀性高于马氏体不锈钢。 ( )
22. 马氏体不锈钢的焊接性能高于奥氏体不锈钢和铁素体不锈钢。 ( )
23. 马氏体不锈钢一般都要经过淬火、回火后才能使用。 ( )
24. Cr12W8V 是不锈钢。 ( )
25. 不锈钢的含碳量越高，其耐蚀性越好。 ( )
26. 耐热钢是抗氧化钢和热强钢的总称。 ( )
27. 高锰钢大多采用切削加工成形。 ( )

三、选择题（将正确答案的代号填在括号内）

1. GCr15 钢的平均含铬量为（ ）。
   A. 0.15%　　B. 1.5%　　C. 15%
2. 40MnVB 中硼元素的主要作用是（ ）。
   A. 强化铁素体　　B. 提高回火稳定性　　C. 提高淬透性
3. 20CrMnTi 钢中 Ti 元素的主要作用是（ ）。
   A. 细化晶粒　　B. 提高淬透性　　C. 强化铁素体
4. 合金渗碳钢渗碳后必须进行（ ）热处理才能使用。
   A. 淬火 + 低温回火　　B. 淬火 + 中温回火　　C. 淬火 + 高温回火
5. 38CrMoAlA 钢属于合金（ ）。
   A. 调质钢　　B. 渗碳钢　　C. 弹簧钢
6. 合金调质钢的含碳量一般为（ ）。
   A. <0.25%　　B. 0.25% ~ 0.5%　　C. >0.5%
7. 将下列合金结构钢牌号归类：合金调质钢有（ ），合金弹簧钢有（ ）。
   A. 40Cr　　B. 60Si2Mn　　C. 50CrVA　　D. 30CrMnSi
8. 正确选用下列零件材料：车床主轴（ ），板弹簧（ ），滚动轴承（ ），汽车变速齿轮（ ）。
   A. 60Si2Mn　　B. 40Cr　　C. GCr15　　D. 20CrMnTi
9. 在常用的低合金刃具钢中，（ ）钢适于制造较精密的低速刀具。
   A. CrWMn　　B. 9SiCr　　C. 9Mn2V
10. 高速钢按含碳量来分属于（ ）。
    A. 低碳钢　　B. 中碳钢　　C. 高碳钢
11. 热作模具钢的含碳量一般在（ ）。
    A. 0.1% ~ 0.25%　　B. 0.3% ~ 0.6%　　C. 0.95% ~ 1.15%
12. 量具在精磨后或研磨前还要进行时效处理的主要目的在于（ ）。
    A. 提高硬度
    B. 促使残余奥氏体的转变
    C. 消除内应力
13. 将下列合金钢牌号归类：冷作模具钢有（ ），热作模具钢有（ ），塑料模具钢有（　　）。

A. Cr12MoV　　B. 3Cr2W8V　　C. 3Cr2MnNiMo

14. 请正确选用下列工具材料：高精度长丝锥（　　），热锻模（　　），冷冲模（　　），立铣刀（　　），塑料模具（　　）。

A. CrWMn　　B. Cr12Mo　　C. 3Cr2MoS

D. W18Cr4V　　E. 5CrNiMo

15. 随着不锈钢含碳量的增加，其强度、硬度和耐磨性提高，耐蚀性（　　）。

A. 越好　　B. 不变　　C. 下降

16. 将下列合金钢牌号归类：特殊性能钢有（　　），不锈钢有（　　）。

A. 12Cr13　　B. 06Cr19Ni10N　　C. ZG120Mn13

17. 正确选用下列零件材料：不锈钢餐具（　　），坦克履带（　　），储酸槽（　　）。

A. 12Cr18Ni9　　B. ZG120Mn13　　C. 10Cr17

18. 医疗手术器械可使用的材料是（　　）。

A. Cr12Mo　　B. 40Cr13　　C. W18Cr4V

四、名词解释

1. 20CrMnTi

2. 38CrMoAlA

3. 50CrVA

4. 60Si2Mn

5. GCr15SiMn

6．20Cr13

7．ZG120Mn13

8．10Cr17

9．40Cr13

10．06Cr19Ni10N

五、思考与练习

1．根据下表要求，简要对比各种合金钢的特点。

类别	含碳量	典型牌号	最终热处理方法	主要用途
合金渗碳钢				
合金调质钢				
合金弹簧钢				
滚动轴承钢				
高速钢				
热作模具钢				
耐磨钢				

2．车间里有两种分别用20Cr13和06Cr19Ni10N生产的同规格的零件，搬运工在搬运过程中不小心将两种零件混在了一起，请想出一个简单的方法将这两种不同材料的零件分开。

零件

§5-4　钢的火花鉴别（试验）

1．火花鉴别有何实际意义？

2．简述火花鉴别的原理。

3．简述火花鉴别的注意事项。

4．根据试验完成下表。

鉴别项目		1号试样	2号试样	3号试样	4号试样
流线	亮度				
	长度				
	粗细				
	数量				
爆花	形状				
	大小				
	花粉				
	数量				
手感					
火花特征					
鉴定结论					

第六章 铸　铁

§6-1　铸铁的组织与分类

一、填空题（将正确答案填写在横线上）

1．铸铁是含碳量________的铁碳合金，但铸铁中的碳大部分不再以________的形式存在，而是以游离的________状态存在。

2．铸铁中的碳以石墨的形式析出的过程称为________。铸铁中的石墨可以从液态中直接结晶出或从________中直接析出，也可以先结晶出________，再由________在一定条件下分解而得到。

3．铸铁的力学性能主要取决于______的组织和石墨的________、________、________以及分布状态。

4．铸铁中的_________一方面割裂了钢的基体，破坏了基体的________；另一方面又使铸铁获得了良好的_________、_________，以及_________、___________、___________、__________、缺口敏感性低等诸多优良的性能。

5．根据铸铁在结晶过程中的石墨化程度不同，铸铁可分为_________、__________和__________三类。

6．根据灰口铸铁中石墨形态的不同，还可将灰口铸铁分为________铸铁，其石墨呈片状；________铸铁，其石墨呈团絮状；________铸铁，其石墨呈球状；________铸铁，其石墨呈蠕虫状。

二、判断题（正确的打“√”，错误的打“×”）

1．通过热处理可以改变灰铸铁的基体组织，故可显著地提高其力学性能。　（　　）

2．可锻铸铁比灰铸铁的塑性好，因此可以进行锻压加工。　（　　）

3．厚铸铁件的表面硬度总比内部高。　（　　）

三、思考与练习

为什么在切削灰铸铁毛坯的工件时一般不需加切削液？

切削工件

§6-2 常用铸铁

一、填空题（将正确答案填写在横线上）

1. 为改善灰铸铁的性能，一方面要改变石墨的________、______和________，另一方面要增加基体中________的数量。

2. 可锻铸铁的生产过程包括两个步骤：首先______________________，然后进行长时间的____________。

3. 对于已形成的铸铁组织，通过热处理只能改变其________，但不能改变________的大小、________、________和________。

4. __________________中的石墨对基体的割裂作用小，因此，可通过________改变其基体的组织来提高和改善其力学性能。

5. 由于球墨铸铁中的石墨呈________，其________的作用及________现象大为减少，可以充分发挥金属基体的性能。

6. 球墨铸铁与灰铸铁相比，它的________、________含量较高，有利于石墨球化。

7. QT400–18 表示__________，其最低________为 400 MPa，最低__________为 18%。

二、判断题（正确的打“√”，错误的打“×”）

1. 可锻铸铁只适用于制造薄壁铸件。（　　）
2. 灰铸铁的抗拉强度、塑性和韧性远不如钢。（　　）
3. 球墨铸铁可以通过热处理改变其基体组织，从而改善其性能。（　　）
4. 可锻铸铁的碳和硅的含量要适当低一些。（　　）
5. 灰铸铁是目前应用最广泛的铸铁。（　　）
6. 白口铸铁的硬度适中，易于切削加工。（　　）
7. 铸铁中的石墨数量越多、尺寸越大，铸件的强度就越高，塑性、韧性就越好。（　　）

三、选择题（将正确答案的代号填在括号内）

1. 为提高灰铸铁的表面硬度和耐磨性，采用（　　）热处理效果较好。

   A. 渗碳后淬火 + 低温回火

   B. 电加热表面淬火

   C. 等温淬火

2. 球墨铸铁经（　　）可获得铁素体基体组织，经（　　）可获得珠光体基体组织，经（　　）可获得下贝氏体基体组织。

   A. 正火　　　B. 退火　　　C. 等温淬火

3. 选择下列零件的材料：机床床身（　　），汽车后桥外壳（　　），柴油机曲轴（　　）。

A．HT200　　　　　　B．KTH350-10　　　　　C．QT500-05

4．铸铁中的碳以石墨形态析出的过程称为（　　）。

A．石墨化　　　　　　B．变质处理　　　　　C．球化处理

四、名词解释

1．HT250

2．KTH350-10

3．KTZ500-04

4．QT600-02

五、思考与练习

家中新买了一口铸铁锅，用它炒菜时声音特别刺耳，但是用了一段时间后发现炒菜时的声音就不再那么刺耳了。这是为什么？

第七章　有色金属与硬质合金

§7-1　铜与铜合金

一、填空题（将正确答案填写在横线上）

1．通常把黑色金属以外的金属称为________，也称__________。常用的有色金属有________及铜合金、________及铝合金、________及钛合金和滑动轴承合金等。

2．常用的铜合金是________、________、________和________。其中，________是以锌为主加合金元素；________是以镍为主加合金元素；除________和________以外其他元素为主添加元素的合金称为__________。

3．普通黄铜又分为________黄铜和__________黄铜两类。当含锌量小于 39% 时，称为________黄铜，由于其塑性好，适合于________加工；当含锌量大于 39% 时，称为________黄铜，其塑性逐渐变差，只适合进行________。

4．白铜具有高的________和优良的冷热加工成形性能，是精密________、________、________及工艺品制造中的重要材料。

二、判断题（正确的打"√"，错误的打"×"）

1．纯铜无同素异构转变。（　　）

2．黄铜中含锌量越高，其强度也越高。（　　）

3．特殊黄铜是不含锌元素的黄铜。（　　）

4．含锡量大于 10% 的锡青铜，其塑性较差，只适合铸造。（　　）

5．含锌量为 30% 左右的普通黄铜，其塑性最好。（　　）

三、选择题（将正确答案的代号填在括号内）

将相应的牌号填在括号里：普通黄铜（　　），铸造黄铜（　　），锡青铜（　　），铍青铜（　　）。

A．H68　　B．QSn4-3　　C．TBe2　　D．ZCuZn38

四、名词解释

1．T2

2．H68

3．HPb59-1

4．ZCuSn10Pb1

§7-2　铝与铝合金

一、填空题（将正确答案填写在横线上）

1．铝及铝合金的性能特点是________小，________低，________、________好，磁化率________，________________和加工性能________。

2．铝及铝合金的____________极低，属于__________材料。

3．纯铝按加工方法分为______________和__________两类。

4．铝合金根据成分特点和生产方式不同，可分为____________和____________。

5．按国家标准 GB/T 1173—2013 规定，铸造铝合金代号“ZL”后面的第一位数字表示合金的系列：1 为________系，2 为________系，3 为________系，4 为________系。

二、判断题（正确的打“√”，错误的打“×”）

1．铝合金的导电性、导热性不如纯铝。（　　）

2．工业纯铝具有较高的强度，常用作工程结构材料。（　　）

3．变形铝合金都不能用热处理强化。（　　）

4．铝的导电性仅次于银、铜，具有很高的导电能力。（　　）

5．铝合金具有坚硬美观、轻巧耐用、长久不锈的优点，是制造飞机的理想材料。（　　）

三、选择题（将正确答案的代号填在括号内）

1．将铝及铝合金的组别填在相应的括号里：纯铝（含铝量不小于 99.00%）（　　），以铜为主要合金元素的铝合金（　　），以锰为主要合金元素的铝合金（　　），以硅为主要合金元素的铝合金（　　），以镁为主要合金元素的铝合金（　　）。

A．1× × ×　　B．2× × ×　　C．3× × ×

D．4× × ×　　E．5× × ×

2．3A21 按工艺特点来分属于（　　）铝合金，它是热处理（　　）的铝合金。

A．铸造　　B．变形　　C．不能强化　　D．强化

四、名词解释

1．1060

2．7A04

3．ZL301

4．2A50

5．2A12

6．5A02

*§7-3　钛与钛合金

一、填空题（将正确答案填写在横线上）

1．钛具有__________现象，在 882 ℃以下为__________晶格，称为 α－钛（α－Ti）；在 882 ℃以上为__________晶格，称为 β－钛（β－Ti）。

2．________在海水和蒸汽中的抗蚀能力比铝合金、不锈钢和镍合金还好。

3．常用的钛合金可以分为________合金、________合金、________合金三类，其中________合金应用最广。

二、判断题（正确的打“√”，错误的打“×”）

1. α 型钛合金不能进行热处理强化。 （ ）
2. α-β 型钛合金可以进行热处理强化。 （ ）
3. 钛是一种具有同素异构转变的金属。 （ ）
4. α 型钛合金组织稳定，焊接性能较差。 （ ）

三、选择题（将正确答案的代号填在括号内）

1.（ ）是一种新兴的金属，由于其密度小、延展性好、耐蚀性强，它和它的合金在航空、航海和化学工业中被广泛应用，被誉为“现代金属”。

A. 锰 B. 钛 C. 镁

2. 某一材料的牌号为 TC4，它是（ ）。

A. 含碳量为 0.4% 的碳素工具钢

B. 4 号工业纯铜

C. 4 号 α-β 型钛合金

3. α-β 型钛合金中应用最广的是（ ）。

A. TC4 B. TC2 C. TC6

4. 将相应的牌号填在括号里：工业纯钛（ ），钛合金（ ）。

A. TC4 B. TA1 C. T7

四、思考与练习

在日常生活中有哪些物品是用有色金属制作的？为什么要采用这些材料制作？

§7-4 滑动轴承合金

一、填空题（将正确答案填写在横线上）

1. 滑动轴承是支承______和其他________的支承件，一般由______和______构成。

2. 滑动轴承合金理想的组织：软基体和均匀分布的__________，或是硬基体上分布着________。

3．铸造轴承合金的牌号由其______及________的化学符号组成。主要合金元素后面跟有表示其______的数字。

4．常用的滑动轴承合金有_____、_____、______、______等，锡基与铅基轴承合金又称______。

5．ZSnSb11Cu6 表示_____的平均含量为 11%，_____的平均含量为 6% 的_____合金。

二、判断题（正确的打“√”，错误的打“×”）

1．轴承合金用于生产滚珠轴承。（　　）

2．滑动轴承材料应具有的理想组织是：软基体上分布硬质点，或硬基体上分布软质点的两相组织。（　　）

3．锡基与铅基轴承合金又称巴氏合金。（　　）

4．锡基轴承合金是以锡为基体元素，加入锑、铜等元素组成的合金。（　　）

5．巴氏合金的组织为软基体上分布着硬质点。（　　）

三、选择题（将正确答案的代号填在括号内）

1．下列轴承合金中，属于巴氏合金的是（　　）。

A．铜铅合金　B．锡基轴承合金　C．铝基轴承合金

2．由锡、锑、铜三种元素冶炼成的轴承合金称为（　　）。

A．铜基轴承合金　B．锡基轴承合金　C．锑基轴承合金

3．下列轴承合金中，（　　）是铜基轴承合金。

A．ZSnSb4Cu4　B．ZPbSb16Sn16Cu2　C．ZCuSn10P1

4．下列轴承合金中，（　　）是铝基轴承合金。

A．ZAlSn6Cu1Ni1　B．ZSnSb11Cu6　C．ZPbSb15Sn5CuCd2

5．ZSnSb8Cu4 是（　　）。

A．铅基巴氏合金　B．锡基巴氏合金　C．锑基巴氏合金

四、名词解释

1．ZSnSb12Pb10Cu4

2．ZPbSb16Sn16Cu2

3．ZCuSn5Pb5Zn5

4．ZAlSn6Cu1Ni1

五、思考与练习

1．滑动轴承合金应具备哪些性能？

2．为什么滑动轴承合金应具备软硬兼备的组织？

§7–5 硬质合金

一、填空题（将正确答案填写在横线上）

1．硬质合金是指将一种或多种难熔金属________和________，通过________工艺生产的一类合金材料。它具有硬度高、________、________、________强度高等诸多优点，但其________强度和________差。

2．硬质合金按用途范围不同，可分为__________硬质合金、__________________硬质合金和____________________硬质合金。

3．根据国家标准 GB/T 18376.1—2008 规定，切削工具用硬质合金牌号按使用领域的不同，可分为__________、__________、__________、__________、__________和__________六类。

二、判断题（正确的打“√”，错误的打“×”）

1．硬质合金中，碳化物含量越高，含钴量越低，则其强度及韧性越高。（ ）

2．K 类硬质合金刀具适合切削塑性材料。（ ）

3. 用硬质合金制作刀具，其红硬性比高速钢刀具好。 (　　)

4. P类硬质合金刀具适合切削脆性材料。 (　　)

三、选择题（将正确答案的代号填在括号内）

1. 硬质合金的红硬性为（　　）℃。

A. 500 ~ 600　　B. 900 ~ 1 000　　C. 600 ~ 800

2. 将相应的牌号填在括号里：钨钴类硬质合金（　　），钨钴钛类硬质合金（　　），通用硬质合金（　　）。

A. M20　　B. K01　　C. TC4

D. TA1　　E. P10

3. 常用来加工不锈钢、耐热钢、高锰钢的硬质合金是（　　）。

A. 钨钴类硬质合金

B. 钨钴钛类硬质合金

C. 通用硬质合金

4. 适合加工铸铁、青铜等脆性材料的是（　　）。

A. M10　　B. P10　　C. K30

四、名词解释

1. K30

2. K10

3. K40

4. P10

5. M20

五、思考与练习

在刃磨硬质合金刀具时能否同刃磨工具钢刀具一样用水来冷却？

§7-6 常用有色金属与硬质合金的性能（试验）

1．简述试验中使用的有色金属与硬质合金试样的成分、牌号。

2．通过试验完成下表。

方法	操作示例	体验			
		铜合金	铝合金	钛合金	硬质合金
锉					
磕					

续表

方法	操作示例	体验			
		铜合金	铝合金	钛合金	硬质合金
磨					
錾	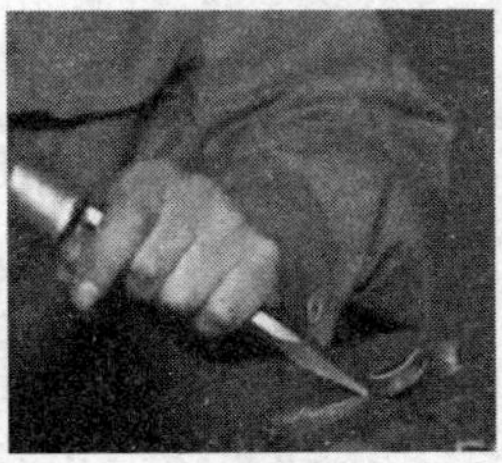				
折					
硬度试验	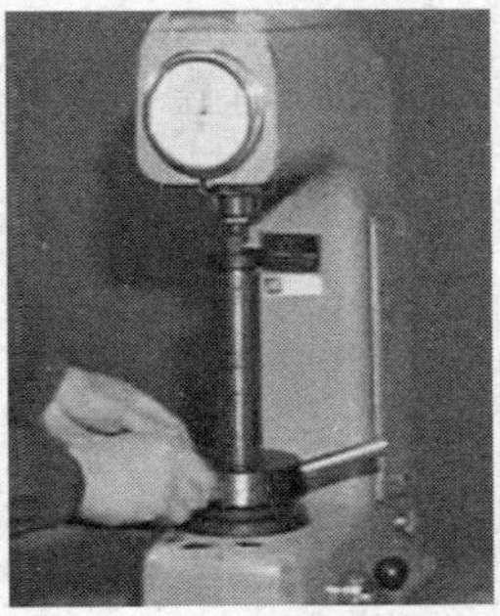				

*第八章　国外金属材料牌号及新型工程材料简介

§8-1　国外常用金属材料的牌号

一、填空题（将正确答案填写在横线上）

1．国际上通用的金属材料牌号标准是由________________________制定的。1989 年国际标准化组织颁布了“以__________为基础的牌号表示方法”的技术文件。

2．在工作中遇到国外进口的金属材料时，若不清楚牌号的含义，可通过相关______________________或网络上的______________进行查询。

二、选择题（将正确答案的代号填在括号内）

1．我国国家标准的代号是（　　）。

A．GB　　　B．ASIM　　　C．JIS

2．ISO 标准中附加字母（　　）的含义是未经热处理。

A．TU　　　B．TC　　　C．TQ

三、思考与练习

某厂从国外购进一批钢材，牌号有 Ck60、D3、SKH2、5140。请查一查这批钢材是从哪些国家进口的？与我国国家标准对应的牌号分别是什么？

§8-2 新型工程材料

一、填空题（将正确答案填写在横线上）

1. 工程材料是工程建设中使用的材料，除了金属材料外，还包括________________、________________、________________等。

2. 新型工程材料是指近年来被研制和应用的具有独特的________、________及其他特殊性能的材料。

3. 复合材料是以一种材料为________，另一种材料为________组合而成的材料。

4. 复合材料的基体材料分为________和________两大类。

5. 铝锂合金具有较高的________、较好的________和________以及适宜的________，在航空、航天以及航海等领域中得到了一定的应用。

6. 碳纤维的________、________远高于钢，这已预示了碳纤维在工程应用上的广阔前景。

7. 超高分子量聚乙烯纤维的比强度在各种纤维中位居第一，且其________________、____________、________________和________________优良，在军事、汽车制造等领域有广阔的应用前景。

二、选择题（将正确答案的代号填在括号内）

1.（　　）的比强度在各种纤维中位居第一。

A. 超高分子量聚乙烯纤维

B. 碳纤维

C. 玻璃纤维

2. 用来制造舰艇的高频声呐导流罩，大大提高了舰艇的探雷、扫雷能力的材料是（　　）。

A. 超高分子量聚乙烯纤维

B. 碳纤维

C. 铝锂合金

3. 材料的比强度越高，则构件自重越小；比模量越高，则构件刚度越大，这预示了（　　）在工程应用上的广阔前景。

A. 铝锂合金　　B. 碳纤维　　C. 复合材料

4.（　　）是近十几年来航空金属材料中发展最为迅速的一种。

A. 铝锂合金

B. 超高分子量聚乙烯纤维

C. 碳纤维